ほんとうの大きさ

これは、どうぶつ園にいる　どうぶつたちの　ほんとうの大きさです。
野生のどうぶつなので、ちりょうには　きけんなこともあります。
でも、こわいというきもちもひつようで、
じゅうぶんな　じゅんびをして　ちりょうしています。

大きさは、おおよそのものです。どうぶつによって　ちがいがあります。

監修のことば

　みなさんは、動物園に行ったことがありますか？　おそらく、一度も行ったことがないという人は、あまりいらっしゃらないのではないでしょうか？　でも、動物園の裏側を見たことがある人は、きっと少ないでしょう。

　動物園にはいろいろな仕事があります。動物の世話をする飼育の仕事はもちろん、お客様の安全を守る警備、園内を清潔に保つ掃除、動物がすんでいる家の管理、園内に植えられている植物の世話など、まだまだあります。そうしたたくさんの仕事のひとつが動物園の獣医の仕事です。

　そんな動物園の裏側で働く獣医の仕事が本になりました。イヌやネコなどのいつも人間と一緒にいるペットと違い、野生動物である動物園の動物は、触ることすらなかなかできません。そのため、診察や治療は難しいことが多いですが、とてもやりがいのある仕事です。

　でも、動物園で働くスタッフは裏方で、動物園の主役は動物たちです。この本を見て、動物園の動物に今まで以上に興味を持っていただけたら、とてもうれしいです。

　みなさんに、動物園の楽しみ方をこっそりお教えします。動物園に来るときは、ゆっくり見る動物を何かひとつ決めてください。もちろん、動物園にいる動物を全部見て回るのも楽しいものです。地球には、本当にいろいろな種類の動物がいるんだなということが、実感できると思います。

　でも、動物たちの本当の魅力は、ぱっと見ただけではわからないことがたくさんあります。ひとつの動物を、ゆっくり時間をかけて見てください。思いもかけない動きやしぐさを見せてくれることがあります。たとえば、ケープハイラックスは、すべりやすい岩を登るときでも、まるで足がぴったり岩に張りついているかのように登ることができます。どうしてでしょう？　ぜひ、自分で調べてみてください。そして、もう一度ケープハイラックスに会いに来てください。もっと、いろいろなことがわかります。

　たくさんの動物をいっぺんに見るより、ひとつの動物をゆっくり見たほうが、きっときっと楽しい発見がいっぱいありますよ。

植田　美弥（うえだ　みや）
1963年（昭和38年）神奈川県生まれ。公益財団法人 横浜市緑の協会勤務。よこはま動物園ズーラシア獣医師。1988年、東京農工大学農学部獣医学科（現 共同獣医学科）卒業。民間の獣医科病院にて小動物臨床、サンシャイン国際水族館（現 サンシャイン水族館）、金沢動物園勤務を経て、1997年4月、よこはま動物園ズーラシアの開園準備スタッフとなり、現在に至る。日本野生動物医学会専門医協会認定専門医（動物園動物医学）。とくに、飼育下ペンギンの疾病の予防や診断などについての研究を続けている。著作に、光村図書国語教科書小学校2年生（上）「どうぶつ園のじゅうい」がある。

どうぶつのじょうほう

オグロワラビー ← どうぶつの名前
体長●65〜85センチメートル ← ほにゅうるいは、はな先から尾のつけ根までの長さ／鳥は、くちばしの先から尾の先までの長さ
体重●9〜20キログラム ← 体の重さ
分布●オーストラリア北東部の森 ← 野生のものが　すんでいるばしょ
くらし●草や木の葉を食べて　くらす。むれは　つくらず、おもに　夜　かつどうする。カンガルーと同じように　赤ちゃんは、お母さんのおなかにある　ふくろの中でせいちょうする。 ← 野生での　食べものや　むれなど

どうぶつ園のじゅうい

赤ちゃんをまもる しごと

植田美弥 監修

金の星社

赤ちゃんを まもる しごと

わたしは、どうぶつ園のじゅういです。
どうぶつ園のどうぶつたちも、野生のどうぶつと同じように、
赤ちゃんをうんで そだてます。何か もんだいがおきたときは、
しいくいんさんと じゅういが きょうりょくして たすけます。

どうぶつ園では 毎年、たくさんの赤ちゃんが生まれます。

人の手でそだてることになった リカオンの赤ちゃんにミルクをのませたこともあります。

ニホンザルの赤ちゃんは、むれのなかで元気にそだっています。

どうぶつたちが、赤ちゃんをうんだり　子そだてをしたりするときに、わたしたちのたすけが　ひつようになることがあります。

どうぶつ園では、お母さんが　赤ちゃんをうまくうめないときに　人が手だすけをします。また、親が　赤ちゃんを そだてられないときには、かわりに　そだてます。

ぶじに　生まれたあとも、赤ちゃんが　びょうきにかかっていないか　よく見て、ひつようがあれば　ちりょうをします。お母さんも、赤ちゃんをうんで　体が弱ることがあります。そんなときは　お母さんのちりょうもします。

ミーアキャット むれで子そだて

今日は、朝いちばんに、ミーアキャットの うんどう場に来ました。
赤ちゃんがつぎつぎ生まれているので、元気にしているか 見回るためです。

ミーアキャットは、赤ちゃんが生まれると むれで そだてます。お母さんは ほかの子どもにも おちちをやります。むれのおとなや子どもは、見はりをしたり 子もりをしたりして 子そだてを手つだいます。
わたしが うんどう場に行くと、たくさんのミーアキャットが 集まってきました。なかには、小さい赤ちゃんもいますが、みんなけんこうそうです。しいくいんさんに聞くと、お母さんも赤ちゃんも 元気とのことで、あんしんしました。

▲ 生まれて9日目の赤ちゃんです。しゅっさんのために よういした すばこの中で生まれました。

うんどう場で、お母さんがよこになって おちちをのませています。そのそばでお兄さんが 見はりをしています。

> ### ミーアキャット
> 体長●25〜35センチメートル
> 体重●650〜950グラム
> 分布●アフリカ南部のあれ地など
> くらし●地面にトンネルをほって すをつくり、10〜30頭のむれでくらす。こんちゅうや 小さいどうぶつを食べる。

お兄さんやお姉さんは やさしく
赤ちゃんのめんどうをみます。

▼ こしに下げた しごとどうぐに きょうみしんしんです。
小さい赤ちゃんは、長ぐつに よじのぼろうとしています。

オカピ ララは元気かな？

つぎにむかったのは、オカピの家です。「森のきふじん（ゆうがな女の人）」ともよばれるオカピは、数が少なく　とてもめずらしい　どうぶつです。

もうすぐ2さいになるララ。ずいぶん大きくなりました。

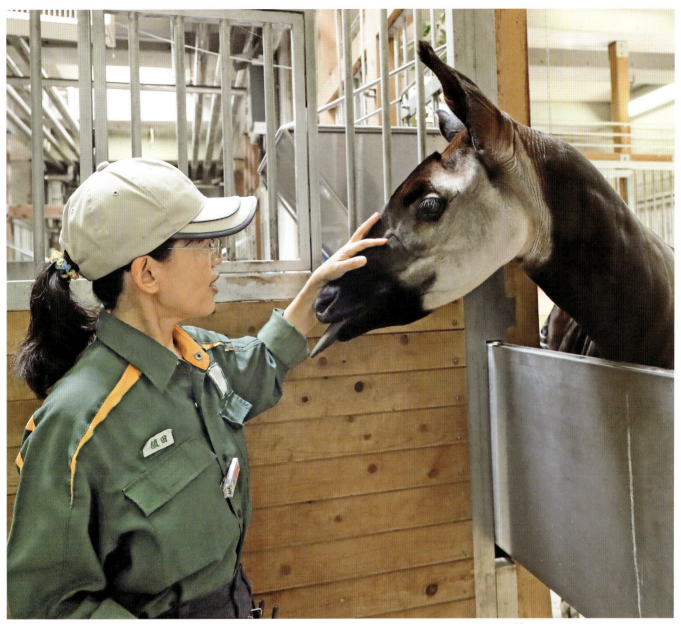

ララのお母さんのピッピです。ピッピは、ララのとなりの へやにいます。「おはよう」と あいさつをすると、わたしを なめようとしました。

2014年に生まれたメスのララが 元気にしているか、ようすを見に来ました。ララは生まれるとき、お母さんのおなかから なかなか出てこなかったので、しいくいんさんが 手だすけをしました。そのあとは 何ごともなく、元気にそだっています。
今日も、元気そうで あんしんしました。

オカピ

体長 ● 2メートル
体重 ● オス250、メス330キログラム
分布 ● アフリカ中部の森や林
くらし ● むれをつくらず、ふかい森の中でくらしている。長い舌で、木の葉をたぐりよせて食べる。キリンのなかま。

こんなことがありました

オカピ

ララが生まれた日のことをしょうかいしましょう。

2014年12月のある朝、「ピッピの 赤ちゃんが生まれそうだ」と しいくいんさんから れんらくがありました。いそいでかけつけると、しいくいんさんが ピッピのようすを そっと見まもっていました。ピッピを こうふんさせないように、こまったことがおきないかぎり わたしは へやの外で見まもります。中のようすをかんさつできるように ビデオカメラで きろくをしているのです。

赤ちゃんの足がのぞいてから ぶじに生まれるまで、4時間もかかる たいへんな おさんでした。

赤ちゃんの足が出ても、なかなか生まれませんでした。おさんに長い時間がかかると、赤ちゃんやお母さんの いのちがきけんです。そこで、さいごはしいくいんさんが 赤ちゃんの足をひっぱり、ようやく生まれました。

生まれてから しばらくすると、ララは立ち上がり
おちちを のみはじめました。

長いおさんだったので 赤ちゃんが
弱っていないか しんぱいしました
が、しっかりと立っていました。もう
だいじょうぶです。

ドゥクラングール かわいい子どもたち

つぎに　ドゥクラングールの家に　来ました。ドゥクラングールは、さまざまな色の毛をもち、「世界一うつくしいサル」ともいわれています。

白色、黒色、はい色、赤色の毛が生えたカラフルなサルです。

アカアシドゥクラングール

体長 ● 61〜76センチメートル
体重 ● 14キログラム
分布 ● 東南アジアの森
くらし ● 10頭くらいのむれをつくり、木の葉やくだものを食べてくらす。すみかの森が少なくなったため、ぜつめつがしんぱいされている。

このサルは、野生での数がへって ぜつめつがしんぱいされています。「ぜつめつ」とは、ちきゅう上から そのどうぶつが1頭も いなくなることです。そのサルの赤ちゃんが、2013年から2015年にかけて 6頭生まれ、そのうち4頭がぶじにそだっています。
今日は、その子どもたちが元気にしているか ようすを見に来ました。どこかようすが おかしかったら、すぐに けんさをしなければなりません。

この子どもたちは、2013年の冬と2014年の夏に生まれたムーとショーンです。この2頭は、しいくいんさんに そだてられました。

元気に せいちょうしているようすだったので、あんしんして ドゥクラングールの家を あとにしました。

こんなことがありました

ドゥクラングール

2013年12月に ドゥクラングールの赤ちゃんが生まれ、ムーと名づけられました。
ムーは、お母さんが びょうきになってしまったので、しいくいんさんに そだてられました。

ドゥクラングールの赤ちゃんを 人がそだてるのは、日本で はじめてだったので、そだてるのに とてもくろうしました。

ムーは、のんだミルクを はいてしまったり おなかをこわしたりして、体重がなかなか ふえませんでした。そこで、しいくいんさんと いろいろそうだんしながら、くすりをあたえたり ちりょうをしたりする日がつづきました。

ムーとお母さんのツバオ。ツバオは びょうきになるまでは、ムーを大切にそだてていました。

生まれて10日目からは、しいくいんさんが そだてました。

野生のサルの赤ちゃんは、いつもお母さんザルにしがみついているので、ムーもぬいぐるみやタオルにつかまると、あんしんしました。

しいくいんさんは どうぶつ園にとまりこんで ムーの世話をしました。こうして、みんなで手をつくしたけっか、ようやく元気に そだちはじめました。

体重がふえたときは、みんなで大よろこびしました。

リカオン 大きくなった子どもたち

つぎに リカオンの うんどう場に来ました。
2016年の1月に生まれた 子どもたちのようすを見るためです。

生まれてから9か月ほどたち、子どもたちはすっかり大きくなりました。わたしが うんどう場にすがたを見せると、大よろこび。「キャンキャン」と なきながら走り回りました。とても元気がいいので うれしくなりました。

リカオン
- 体長 ● 80〜110センチメートル
- 体重 ● 18〜36キログラム
- 分布 ● アフリカ中部から南部の草原
- くらし ● 10頭ほどのむれで くらす。数がへり、ぜつめつがしんぱいされている。かりも 子そだても オスとメスできょうりょくしておこなう。イヌのなかま。

体のもようが しっかり出てきて、もう、おとなと同じような すがたになりました。

▼ 体は大きくなりましたが、はしゃぎ回るすがたは やはり まだ子どもです。

こんなことがありました

リカオン

リカオンの赤ちゃんを 人の手で
そだてたときのようすを しょうかいしましょう。

生まれて3日目。
てのひらにのるほ
どの大きさです。

赤ちゃんによって ミルク
の のみかたがちがい、せ
いちょうのぐあいが まち
まちです。

元気に生まれた赤ちゃんたちですが、お母さんが うまくそだてられなかったので、しいくいんさんと じゅういで そだてることになりました。わたしも どうぶつ園にとまりこんで、ミルクをあたえたり やわらかいえさを よういしたりしました。

さいしょは ミルクをうまくのめない赤ちゃんもいて しんぱいしましたが、5頭生まれたうち4頭が 元気にそだちました。

▶ 生まれて1か月ごろから、ドッグフードや やわらかい肉もあたえました。

2か月たつころには、うんどう場にも出られるようになりました。

しょうかい！子そだて大さくせん！

どうぶつ園で　どうぶつの赤ちゃんを　そだてるときの
どうぐなどを　しょうかいしましょう。

ほにゅうびんとミルク
リカオンの赤ちゃんです。ミルクのしゅるいや　こさを　くふうしながら　のませます。ほにゅうびんのすいつく部分の形によっても、じょうずにのめないことがあります。

ぬいぐるみやタオル
ぬいぐるみに　しがみつくオランウータンの赤ちゃんです。お母さんに　しがみついてそだつサルには、しがみつくためのものを　よういします。

どうぶつ園では、親が赤ちゃんをそだてられないときには、しいくいんさんが　そだてます。ひつようなときは、じゅういも　きょうりょくします。
それぞれのどうぶつに合ったどうぐは　売られていないので、イヌやネコ用のミルクや、人間の赤ちゃん用のどうぐなどを　くふうしてつかっています。

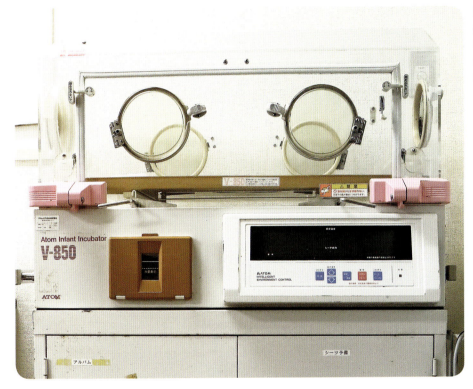

ほいくき
生まれたばかりの赤ちゃんを　中に入れてそだてる　きかい。おんどや　しつどをちょうせつすることができます。人間の赤ちゃん用のものを　つかっています。

ほにゅうびんと　はかり
毎回、のんだミルクのりょうを　はかって、きろくをしておきます。

ドゥクラングールの赤ちゃんのえさ
葉を食べるどうぶつなので、コマツナなどを　すりつぶしたものを食べさせました。

リカオンの赤ちゃんのえさ
肉を食べるどうぶつなので、ひき肉に　ミルクをまぜたものを　食べさせました。

しょうどくようき
ほにゅうびんを入れて、電子レンジなどでしょうどくするための　ようき。人間の赤ちゃん用のものを　つかっています。

ニホンザル どうぶつ園生まれの子どもたち

ニホンザルの　うんどう場にやって来ました。サルは　むれでくらしているため、
けんかなどで　けがをすることも　多いです。
けがをしたり　ぐあいがわるかったりするサルがいないか、見回りにきました。

ニホンザルの子どもは、むれ
のなかで　そだちます。

うんどう場には、たくさんのサルがいます。みんな　元気そうです。
しいくいんさんに話を聞くと、はじめて赤ちゃんをうんだお母さんも、しだいにじょうずに　子そだてができるようになっている　とのことなのであんしんしました。

子どもどうし　元気にあそんでいるところを、おとなのサルが見まもっています。

ニホンザル
体長●50～60センチメートル
体重●8～15キログラム
分布●日本の本州から九州まで
くらし●10～70頭のむれでくらす。しょくぶつの葉や実、たねや木の皮、こんちゅうなどを食べる。赤ちゃんが生まれるとき、おばあさんや　お姉さんが、そばにいることもある。

チンパンジー あまえんぼうのフク

つぎに、チンパンジーのうんどう場に来ました。
2012年に生まれた　フクのようすを　かくにんします。

フクとお母さんのサチコ。サチコは、6回も子どもをうんでいるので、子そだてにはなれています。

フクは　もう4さいだというのに、まだ　お母さんの　おっぱいを　くわえています。もう　おちちは出ていないようですが、あまえているのでしょう。

うんどう場では、ほかのチンパンジーたちも　元気にしていたので　あんしんしました。

チンパンジー
体長 ● 80センチメートル
体重 ● 40～70キログラム
分布 ● アフリカの赤道近くの森
くらし ● 10～100頭のむれをつくり、くだものや葉、小さなどうぶつや鳥、こんちゅうを食べてくらす。木のえだや石などを　どうぐにしてつかうすがたも　かんさつされている。

エランド 元気な子どもたち

昼休みの前に、エランドの　うんどう場に来ました。エランドには、子どもがいます。このうんどう場には　チーターやキリンなど　ほかのどうぶつも　いっしょにいるので、子どもたちが　あんぜんにすごしているか　見回ります。

子どものエランドは、走るのが大すきです。今日も、楽しそうに　うんどう場を走り回っていました。

エランドは、ウシのなかまです。おとなのエランドは　チーターより大きいので、チーターといっしょに　うんどう場に出ても　おそわれることはありません。けれど、子どもは　チーターと　いっしょに出ることはありません。まだ体が小さいので、おそわれるしんぱいが　あるからです。けががないかどうか、ちゅういぶかく　かんさつします。今日は、みんな　元気そうで　ひとあんしんです。

エランド

体長 ● オス 2.4 〜 3.4、メス 2.1 〜 2.7 メートル
体重 ● オス 400 〜 1000、メス 300 〜 600 キログラム
分布 ● アフリカ東部から南部
くらし ● 数頭いじょうの　むれをつくって　草原や　やぶでくらし、木の葉やえだ、根などを食べる。ジャンプ力があり、1.5 〜 2 メートルの高さを　とびこえることができる。

こんなことが ありました

エランド

エランドの 赤ちゃんが 生まれた日のことを しょうかいしましょう。

ある朝、エランドの赤ちゃんが生まれそうだと しいくいんさんから れんらくがありました。しいくいんさんが モニターごしに おさんを見まもります。じゅういは、こまったことがあったら すぐにかけつけますが、なるべく しげきしないように おさんをする家には 近づかないようにしています。何かあったときのために、どうぐや くすりなどはじゅんびしています。

赤ちゃんは ぶじに生まれ、ちりょうをするひつようがなく、あんしんしました。

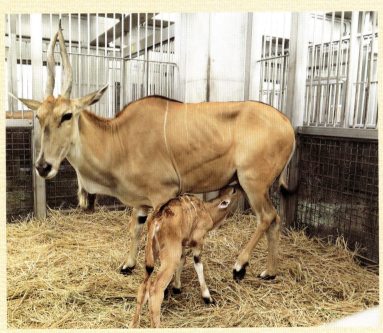

赤ちゃんは、生まれてから 30 分ほどで立ち上がり、1〜2 時間すると おちちをのみはじめました。

1 か月ほどたつと 親子でうんどう場に 出られるようになりました。

しょうかい！ じゅういの しごと場

わたしたち じゅういが、しごとをしている ばしょを
しょうかいしましょう。

どうぶつ園には、どうぶつびょういんが あります。けれど、わたしたち じゅういのしごと場は、ほかにも いろいろあります。

どうぶつの家

いちばんよく おとずれる しごと場。体が 大きくて びょういんまで はこべない どうぶつのちりょうや、大きいどうぐが ひつようない かんたんな ちりょうは、それぞれの どうぶつの家でおこないます。

やくひんしつ

いろいろなくすりが しまってある へや。ひつような くすりを じゅんびしてから ちりょうにむかいます。

にゅういんとう

おもいびょうきに かかっているどうぶつや、きずついて ほごされた みぢかな野生どうぶつが、にゅういんしている ばしょ。

けんさしつ

どうぶつの血や ふんなどを けんさする へや。けんびきょうなどで くわしくけんさすることで、どうぶつの けんこうじょうたいが わかります。

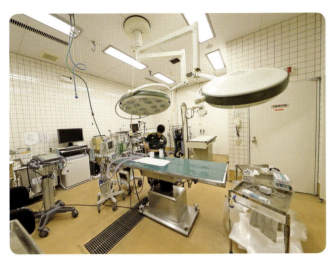

しゅじゅつしつ
しゅじゅつをしたり、レントゲンをとったりするための へや。

かいぼうしつ
しんでしまったどうぶつを かいぼうするための へや。なぜ しんだのかをしらべ、これからの ちりょうに やくだてます。

けんきゅう会
どうぶつの けんきゅうしゃや じゅういといっしょに、べんきょうをする会。新しいちりょうほうなどについて 自分のけんきゅうをはっぴょうしたり、ほかの人のはっぴょうを聞いたりします。これは、ばいきんが体に入って びょうきになったペンギンの ちりょうについて、わたしが はっぴょうしているところです。

どうぶつびょういん
わたしの つくえです。ちりょう日記を書いたり、電話やメールでしいくいんさんたちと そうだんをしたり、ちりょうのしかたを しらべたりします。

どうぶつ園のイベント
多くの人に きょうみをもってもらうために、どうぶつ園に来た人たちに じゅういのしごとを しょうかいします。これは、ますいをかけるときにつかう ふきやのたいけんをしてもらっているところです。

テングザル けんこうしんだん

昼休みのあとに、テングザルの家に来ました。
今日は、テングザルの けんこうしんだんをする よていです。

おとなのオスは はなが大きいのが とくちょうです。

けんこうしんだんは ますいをかけておこないます。けんさのために 血をとったり、「エコー」といって ちょう音波をつかって 体の中のようすを しらべるけんさをしたりします。
けんさのけっか、けんこうだということがわかり あんしんしました。

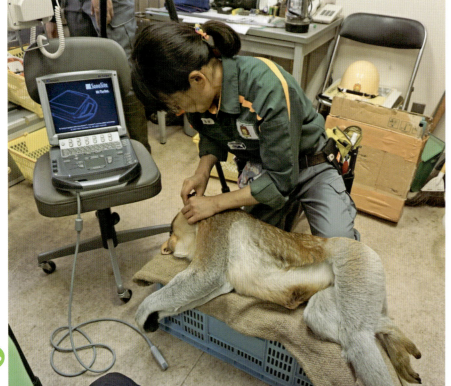

オスのテングザルの けんさをしているところです。

テングザル

体長●オス 74.5、メス 62 センチメートル
体重●オス 20、メス 10 キログラム
分布●ボルネオ島（東南アジア）の森
くらし●1頭のオスと 何頭かのメスや子どもたちで むれをつくってくらす。木の葉や実などを食べる。森が少なくなったために 数がへり、ぜつめつがしんぱいされている。

こんなことがありました

テングザル

テングザルの赤ちゃん　エミが　生まれた日のことを
しょうかいしましょう。

エミは、2015年12月に　生まれました。きっと今日には生まれるなと　思っていた日でした。なぜなら、お母さんのふんなどをしらべていて、生まれる日が わかっていたからです。朝、しいくいんさんから　ぶじに生まれたと　れんらくをもらい　ほっとしました。
そして、お母さんが　じょうずに子そだてをしているようなので　とてもうれしかったです。ちりょうをしなくてすむことは、じゅういにとって　いちばんうれしいことです。

エミとお母さんのキナンティー。キナンティーは、エミを大切にそだてています。

お母さんが食べている　サクラの葉を見つめるエミ。いろいろなことに　きょうみをもち　日び　せいちょうしています。

カワウソ 新しい いのち

夕方、カワウソの赤ちゃんがいる ほいくしつに来ました。
生まれて間もない赤ちゃんのようすを見て しいくいんさんとそうだんするためです。

赤ちゃんは、2016年の8月に生まれました。お母さんは 赤ちゃんをなめたりだきよせたりしていましたが、おちちを うまくのませることができませんでした。赤ちゃんがだんだん弱っていったので、しいくいんさんが そだてることになりました。

しいくいんさんは 夜も どうぶつ園にとまって 赤ちゃんの世話をつづけています。

そこで、もんだい点や しんぱいごとなどについて、しいくいんさんと 話し合いました。

ぐあいの わるいところがないか、ぜんしんの ようすを かくにんしました。

ユーラシアカワウソ
体長●65～85センチメートル
体重●4～11キログラム
分布●中国からヨーロッパの水べ
くらし●魚やカエル、カニなどを食べてくらす。毛皮をとるために たくさんとらえられ、また、川のよごれや こうじなどのために すみかのしぜんが こわされたため、数がへっている。

▲生まれてから1か月をすぎると、元気にうごけるようになりました。

生まれてから2か月ほどたった赤ちゃんは、小さなプールでおよぐれんしゅうをはじめました。

赤ちゃんを まもるために

どうぶつたちが 赤ちゃんをうんで、新しいいのちを つないでいけるよう 手だすけをするのも、わたしたち じゅういのしごとです。

赤ちゃんは、ちょっとしたびょうきや けがでも いのちにかかわります。
生まれたばかりの赤ちゃんは ちゅういぶかく 見まもり、ひつようがあれば ちりょうをします。
ほとんどの どうぶつは、親がじょうずに子そだてをしますが、親がうまくそだてられないこともあります。そんなときは、しいくいんさんが 親のかわりにそだてます。しいくいんさんが、子そだてするのを ささえるのも じゅういのしごとです。

2014年に生まれた オカピの子ども ララ。すくすくそだっています。

ぜつめつが しんぱいされている リカオンの子どもたち。人の手でそだてられましたが、元気にそだって ほんとうによかったです。

どうぶつ園には、たくさんのしゅるいの どうぶつがいます。それぞれ 食べものも 子そだてのしかたも ちがいます。ほとんど 人がそだてたことがない どうぶつもいるので、毎回 くふうしながら そだてています。

これからも 新しいいのちが たくさんそだっていくよう、しいくいんさんと 力を合わせて どうぶつたちのけんこうを まもっていきたいと思います。

解説

赤ちゃんを守る仕事

　みなさんは、動物園で動物の赤ちゃんを見たことがありますか。野生動物の、それも赤ちゃんを直接見る機会は、動物園以外ではなかなかないと思います。

　ほとんどの野生動物の母親は出産のとき、とても神経質になり物陰に隠れます。生まれたばかりの赤ちゃんは、たとえ猛獣の子であっても外敵にねらわれるからです。

　そのため、動物園でも、出産のときはなるべく母親を刺激しないように、飼育員（動物飼育技術者）も離れた場所で見守ります。動物園獣医師も、問題がない限り、お産の場所には行きません。

　無事に出産できればよいのですが、問題が起きることもあります。そんなときは、飼育員が手助けすることもあります。手助けに入るかどうかの判断も大切なので、獣医師と相談して行います。

　また、親が赤ちゃんをうまく育てられなかったり、まれに、赤ちゃんを傷つけたりしてしまうこともあります。そういう場合は、親から赤ちゃんを離して飼育員が育てますが、その判断も、とても難しいものです。

　なるべく親が育てるほうがよいので、できるだけ見守りたいと思いつつ、母親と子どもの命を最優先に考えて人工哺育に切り替えることもあります。

　人工哺育も試行錯誤の連続です。専用の器具もなく、情報も少ないからです。

　ようやく生まれた赤ちゃんが、すくすく成長する姿を見ることは、大きな喜びです。そして、その経過も含めて、来園者に知ってもらいたいと思っています。

　人間社会では、今、子どもの数が少なくなり、核家族化が進んでいます。そんななかで、新しい命が生まれて成長する姿を、子どもたちが見る機会が減っています。

　動物園で生まれた小さな命が育っていく姿を見ることが、子どもたちにとって、命のふしぎに気づくきっかけになればと願っています。

どうぶつ園のじゅういシリーズ 全3巻

植田美弥 監修

動物園の獣医には、いろいろな仕事があります。動物たちの病気やけがを治し、赤ちゃんを守り、絶滅から救う仕事などです。動物園の獣医の一日の仕事を紹介しながら、小動物から大きな動物、小鳥から猛獣まで、ふだん見ることのできない、さまざまな動物たちの治療や診察のようすを解説しています。見返しでは、動物の実際の大きさも紹介しています。

びょうきや けがを なおす しごと
第1巻

チーターやペンギンの採血、ワラビーの抜歯、インドライオンの手術、小さなモルモットや大きなゾウの治療、ハイラックスのレントゲン撮影のようすなどを紹介しています。また、獣医のさまざまな仕事道具や、動物が治療などに慣れるためのトレーニングのようすも紹介しています。

チーター／ペンギン／ワラビー／カンガルー／ライオン／インドライオン／モルモット／ハイラックス／ゾウ／テナガザル／ヤブイヌ

赤ちゃんを まもる しごと
第2巻

群れで子育てをするミーアキャットやニホンザル、オカピやエランドやテングザルの出産、ドゥクラングールやリカオンやカワウソの人工哺育、甘えん坊のチンパンジーのようすなどを紹介しています。また、人工哺育の道具や、獣医のさまざまな仕事場も紹介しています。

ミーアキャット／オカピ／ドゥクラングール／リカオン／ニホンザル／チンパンジー／エランド／テングザル／カワウソ

ぜつめつから すくう しごと
第3巻

絶滅が心配されているオランウータンの人工哺育やツシマヤマネコの健康診断、イノシシの妊娠判定、キリンやサイやホッキョクグマの繁殖のための輸送、トラの出産やレッサーパンダの手術のようすなどを紹介しています。また、保護された身近な野生動物たちの治療や、動物を絶滅から救うための国境をこえた作戦も紹介しています。

オランウータン／イノシシ／ツシマヤマネコ／キリン／サイ／トラ／ホッキョクグマ／ウンピョウ／レッサーパンダ

※「どうぶつ園のじゅうい」シリーズでは、動物名を大きなグループの名前で紹介しています（例：ペンギン）。それぞれの動物の情報コーナーでは種名で紹介しています（例：フンボルトペンギン）。

どうぶつ園のじゅうい
赤ちゃんを まもる しごと

初版発行　2017年3月　　第8刷発行　2023年9月

【編集スタッフ】

編集────アマナ／ネイチャー＆サイエンス（佐藤 暁）
　　　　　　中野富美子
撮影────福田豊文
写真提供──公益財団法人 横浜市緑の協会
　　　　　　よこはま動物園ズーラシア
取材協力──よこはま動物園ズーラシア
　　　　　　（村田浩一・植田美弥・須田朱美・
　　　　　　上田佳世・青柳さなえ）
文──────中野富美子
イラスト──ニシハマカオリ
ブックデザイン──椎名麻美

監修────植田美弥
発行所───株式会社 金の星社
　　　　　〒111-0056　東京都台東区小島 1-4-3
　　　　　TEL 03-3861-1861（代表）　FAX 03-3861-1507
　　　　　振替 00100-0-64678　ホームページ https://www.kinnohoshi.co.jp
印刷────株式会社 広済堂ネクスト
製本────東京美術紙工

NDC480　32ページ　26.6cm　ISBN978-4-323-04175-9
©amana, 2017 Published by KIN-NO-HOSHI-SHA, Tokyo, Japan
■乱丁落丁本は、ご面倒ですが小社販売部宛ご送付下さい。送料小社負担にてお取替えいたします。

JCOPY 出版者著作権管理機構 委託出版物

本書の無断複写は著作権法上での例外を除き禁じられています。複写される場合は、そのつど事前に、出版者著作権管理機構（電話 03-5244-5088、FAX 03-5244-5089、e-mail: info@jcopy.or.jp）の許諾を得てください。
※本書を代行業者等の第三者に依頼してスキャンやデジタル化することは、たとえ個人や家庭内での利用でも著作権法違反です。

ボルネオオランウータンの赤ちゃん
(『ぜつめつから すくう しごと』7ページ)
おとなしいどうぶつですが、おとなになると 力が
とても強くなるので、ちゅういが ひつようです。

リカオンの赤ちゃん
(『赤ちゃんを まもる しごと』16ページ)
子犬のように見えますが、あごが大きく
かむ力が強いので、せいちょうしたら
気をつけなくてはなりません。